Sitzungsberichte
der Akademie der Wissenschaften
der DDR
Mathematik – Naturwissenschaften – Technik

12 N

1986

Wolfgang Förster

# Bodenmechanik – bodenmechanische Arbeit im Braunkohlenbergbau

AKADEMIE-VERLAG BERLIN

Sitzungsberichte
der Akademie der Wissenschaften
der DDR
Mathematik – Naturwissenschaften – Technik

Jahrgang 1986 · Nr. 12/N

**Wolfgang Förster**

# Bodenmechanik – bodenmechanische Arbeit im Braunkohlenbergbau

AKADEMIE-VERLAG BERLIN
1987

Vortrag aus der Sitzung der Klasse
Geo- und Kosmoswissenschaften der AdW der DDR
am 23. Mai 1985 von Prof. Dr. rer. nat. habil.
Wolfgang Förster, Bergakademie Freiberg,
Sektion Geotechnik und Bergbau

Herausgegeben im Auftrage
des Präsidenten der Akademie
der Wissenschaften der DDR
von Vizepräsident Prof. Dr. Heinz Stiller

ISBN 3-05-500 214-8
ISSN 0138-3965

Erschienen im Akademie-Verlag Berlin, DDR-1086 Berlin, Leipziger Str. 3-4

Lizenznummer: 202 · 100/356/87
Printed in the German Democratic Republic
Gesamtherstellung: VEB Druckhaus Köthen
LSV 3145
Bestellnummer: 763 706 8 (2010/86/12/N)
M 00300

## Inhalt

Meine sehr verehrten Kollegen,

es scheint mir richtig, den Vortrag in zwei Hauptteile zu gliedern:

- im ersten möchte ich versuchen, ein Bild der heutigen Bodenmechanik zu vermitteln,
- der zweite Teil soll sich mit einigen ausgewählten Fragen beschäftigen, die im Zusammenhang mit der Gewinnung von Braunkohle, aber auch anderer Rohstoffe, im Tagebau zu beantworten sind.

## 1. Gedanken zur Entwicklung der Bodenmechanik, Aufgabenklassen

Erste Theorien, die wir heute noch zum Bestand der Bodenmechanik zählen, sind bereits vor etwa 200 Jahren entstanden. Ich darf an das Coulombsche Reibungsgesetz erinnern und davon ausgehend an die ersten Theorien zur Belastung etwa vertikaler Wände durch die Hinterfüllung mit Lockergestein. Die Coulombsche Erddrucktheorie ist im Prinzip heute noch gültig und war eigentlich bis heute immer wieder Arbeitsgegenstand [1].

Es ist sehr leicht möglich, weitere Namen und Teilgebiete der heutigen Bodenmechanik zu nennen, die in ihren Anfängen im vergangenen Jahrhundert entstanden. Trotzdem ist es sicherlich richtig, den Beginn der modernen Bodenmechanik nur etwa 60 Jahre zurückzudatieren, als bestehende Theorien erstmals mit dem realen stofflichen Verhalten des Lockergesteins in Verbindung gebracht wurden und sich neue auf dieser Basis entwickelten. Es ist hier der Name Terzaghi zu nennen, aber auch der von dem in Freiberg arbeitenden Kögler nicht zu vergessen [2].

Die Impulse zur damaligen Entwicklung der Bodenmechanik gingen vom Bauwesen aus. Man konnte sich den Baugrund nicht mehr aussuchen; die Gebäude wurden höher, die Lasten größer. Es entstanden neue Gründungsverfahren, aber auch neuartige Bauwerksarten, z.B. Erdstaudämme. Mit der Entwicklung des U-Bahnbaues setzte der Bau von Tunneln im Lockergestein ein. Insgesamt kam es zu einem weiteren Aufschwung im Verkehrswegebau. Der Bau der Flughäfen wäre hier schon dazu zu zählen.

Im Prinzip sind es zwei Fragen, die der Bodenmechaniker zu beantworten hat:

- Die erste Frage ist die nach der Größe von Deformationen
  - eines auf Lockergestein gegründeten Bauwerks oder Verkehrsweges,
  - eines Erdbauwerkes, also eines Stau- oder Verkehrsdammes, schließlich
  - eines durch Lockergestein belasteten Baukörpers, z.B. einer Tunnelröhre. Diese Variante der Frage ist in Verbindung mit der nach der durch das Lockergestein ausgeübten Belastung besonders kompliziert zu beantworten.
- Die zweite Frage, die gestellt wird, ist die nach der Standsicherheit, d.h. des Abstandes vom Bruch
  - wiederum eines den Untergrund belastenden Bauwerks,
  - eines Erdbauwerkes, einer Böschung,
  - eines Erde stützenden bzw. von Lockergestein gestützten Baukörpers.

Aus letzterem resultieren die Teilprobleme Erddruck und Erdwiderstand, Grenztragfähigkeit und Stabilität von Böschungen.

Die Aufgabe des Bodenmechanikers besteht dann darin, den Problemen adäquate Modelle zu bilden, die

- die geologische und hydrogeologische Situation,
- Belastungsbedingungen, also technologische Gegebenheiten,
  und
- die stofflichen, d.h. die bodenphysikalischen Eigenschaften des Lockergesteins, evtl. aber auch das Stoffverhalten des Baukörpers

erfassen. Die Teilmodelle fließen im bodenmechanischen Modell zusammen, das so geartet sein muß, daß eine mathematische Behandlung gelingt, die zu einem ausreichend genauen quantitativen Ergebnis führt [3].

Für eine ganze Reihe von Problemstellungen existieren inzwischen Routinen, die als bodenmechanische Verfahren oder — bei stärkerem Bezug zur Gründungstechnik — als grundbaustatische Verfahren ausgewiesen werden.

Ein guter Bodenmechaniker ist der, der vorhandene Verfahren nicht nur kennt, sondern in der Lage ist, das richtige, der Problematik tatsächlich angepaßte Modell auszuwählen oder — vielfach notwendig — neu zu entwickeln. Voraussetzung dafür, daß das gelingt, ist ein großes Quantum von Erfahrung, die nicht allein dadurch erworben wird, daß man viele Probleme bearbeitet hat, sondern vor allem beobachtet, inwieweit Prognosen tatsächlich eingetreten sind. Andererseits ist die Beobachtung bestimmter Prozesse auch schon Voraussetzung für die Modellbildung. Oft gelingt die Bildung eines zutreffenden Modells nur durch Beobachtung von Prozeßabläufen, die z.T. bewußt dafür provoziert werden. Der Bergbau hat in die Bodenmechanik besonders die Erkenntnis von der Wichtigkeit der Kenntnis der regionalgeologischen Situation hineingetragen, die sowohl

- das stoffliche Verhalten der Lockergesteine als auch in ganz erheblichem Umfang
- das maßgebende bodenmechanische Modell

bestimmen. Vom Bergbau vor allem werden Fragen zu sich als Funktion der Zeit rasch verändernden Situationen (fortschreitende Böschungen, Böschungen kurzer

Standzeit, mit relativ großer Geschwindigkeit zeitlich veränderliche Belastung des Untergrundes durch Halden und Kippen) und die Probleme aufgeworfen, die aus der Herstellung von Erdbauwerken (Kippen und Halden) aus gestörtem, unverdichtetem Lockergestein entstehen. Hier müssen auch solche Aufgaben eingeordnet werden, die mit dem Bergbauprozeß nur indirekt zusammenhängen und die Aufhaldung industrieller Abprodukte wie Aschen, Flotationsrückstände aus der Mineralsalzfabrikation usw. betreffen. Auch sie werden dem Bodenmechaniker zugeordnet. Der Bergmann ist gegebenenfalls bereit, an Böschungen zu arbeiten, die zu Bruch gehen. Daraus resultieren spezielle Einstellungen zur Frage der Sicherheit. Gleichzeitig aber entstehen natürlich Fragen nach den Möglichkeiten des Schutzes gefährdeter Objekte, von Menschen und Geräten unter solchen Bedingungen.

## 2. Naturwissenschaftliche und technikwissenschaftliche Grundlagen der Bodenmechanik

Die Bodenmechanik muß selbst den technikwissenschaftlichen Grundlagendisziplinen zugeordnet werden. Ihre Basis findet sie in den Naturwissenschaften, in bestimmtem Umfang in anderen Technikwissenschaften.

*Geologie* und *Hydrogeologie* liefern wesentliche Informationen als Voraussetzungen für die Bildung notwendiger Teilmodelle mit stationärem oder auch nichtstationärem Charakter. Bei vielen Bruchbildungsprozessen (z. B. an Böschungen im Bergbau) ist die Kinematik des Bruches entscheidend durch die geologischen Gegebenheiten geprägt. A priori besteht ein Zusammenhang zwischen Lockergesteinseigenschaften und Lagerungsverhältnissen. Wir wissen, daß auch fossile tektonische Prozesse eigenschaftsbestimmend sind. Sie prägen den primären Spannungszustand, aber auch die stoffliche und spannungsmäßige Anisotropie.

Die bodenphysikalischen Eigenschaften hängen bei den feinkörnigen Lockergesteinen in ganz erheblichem Maße von dem vorherrschenden Tonmineral ab. Der Bodenmechaniker hat Prüfverfahren entwickelt, die ihm indirekt einen bestimmten Aufschluß über den Mineralbestand verschaffen. Er arbeitet dabei vorwiegend phänomenologisch, bisher nur in Anfängen kausalanalytisch. Von einer Zusammenarbeit mit *Mineralogie* und *Geochemie*, der Nutzung dort entwickelter Untersuchungsmethoden und Verfahren sind künftig wesentliche Impulse zu erwarten. Die rein phänomenologische Untersuchung der sich in ihren Eigenschaften als Funktion der Zeit und unter der Wirkung atmosphärischer Einflüsse (Wasser) sehr rasch ändernden Aschen und sonstiger industrieller Abprodukte (Mineralsalze) scheint uneffektiv und in vielen Fällen auch nicht zum gewünschten Ergebnis führend.

Vom *Geophysiker* hat der Bodenmechaniker die vom Erkundungsverfahren genutzt. Hier sind vor allem die seismischen Verfahren, in bestimmtem Umfang auch geoelektrische und radiometrische Methoden zu nennen. In den letzten Jahren ist von den Geophysikern ein wahrscheinlich recht erfolgreicher Versuch unternommen worden, Ergebnisse geophysikalischer Bohrlochmessungen mit boden*physikalischen*

Parametern (Dichte, Porenzahl, Wassergehalt) zu korrelieren. Es zeichnen sich offensichtlich eine Reihe bedeutend weitergehender Möglichkeiten ab, wie die Mitwirkung von Kollegen des Wissenschaftsbereiches Geophysik der Bergakademie Freiberg mit eigenen Meßmethoden bei der Durchführung primär bodenmechanisch angelegter Versuche oder die Überprüfung von uns geäußerter Hypothesen mittels gravimetrischer Meßverfahren bewies.

Wesentlichste Basis sowohl des bodenmechanischen Versuchswesens als auch des theoretischen Konzepts des Bodenmechanikers ist natürlich die *Physik*. Physikalisch-werkstoffwissenschaftliche Meßverfahren sind Grundlage unserer Versuche. Vor allem die *Kontinuumsmechanik*, in Verbindung damit die *Thermodynamik* ist Ausgang unseres Modelldenkens. Aus stofflichen Gründen, aufgrund real bestehender Diskontinuitäten sind allerdings in vielen Fällen nur integrale Betrachtungen, die Nutzung von Extremwertsätzen der Plastomechanik, von Energiebilanzen oder aber die Nutzung einfacher Modelle (Starrkörpermodelle) der *Technischen Mechanik* möglich.

Letztlich benutzen wir natürlich auch einfache Methoden der *Chemie* bei bodenphysikalischen Prüfungen.

## 3. Bodenphysik, ‚Werkstoffwissenschaft' der Bodenmechanik

Die Untersuchungen im bodenmechanischen Labor sind in der Hauptsache auf 3 Eigenschaftsgruppen ausgerichtet [4]:

1. Grundeigenschaften; dazu gehören
   - Kornverteilung
   - Dichte
   - Anteil an organischen Bestandteilen
   - Parameter des Dreiphasensystems (Porenzahl, Wassergehalt, Sättigungsgrad)
2. Spezielle Parameter in definierten Zuständen (lockerste und dichteste Lagerung; Fließ- und Plastizitätsgrenze) als Basis einer Klassifikation des Lockergesteins. Das sind die erwähnten phänomenologischen Prüfungen, deren Ergebnis für Tone und Schluffe indirekt Ausdruck des Mineralbestandes ist.
3. Untersuchung der Deformationseigenschaften und der Festigkeit. Diese Prüfungen stehen in Übereinstimmung mit den vorn genannten Hauptaufgabenklassen der Bodenmechanik.

Die klassische Methode zur Bestimmung der Verformung ist der *Oedometerversuch* (Abb. 1): Eine in einen „Topf" eingelegte Probe vom Querschnitt *A* wird in *n* Stufen

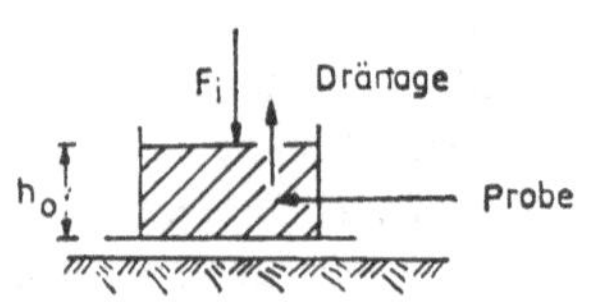


Abb. 1 Oedometerversuch

durch Kräfte $F_i$ ($i = 1, 2, \ldots, n$) belastet, wobei zumeist die Kräfte gemäß $F_i = 2^{(i-1)} \times F_0$ ($i = 1, 2, \ldots, n$) gewählt werden, d.h. die Lasten werden ständig verdoppelt.

Die Ergebnisse dieses Versuches lassen zwei der wesentlichsten Eigenschaften des Lockergesteins deutlich werden:

1. Die Deformationen unter der Last $F_i$ einer Stufe stellen sich überwiegend zeitlich verzögert ein (Abb. 2).

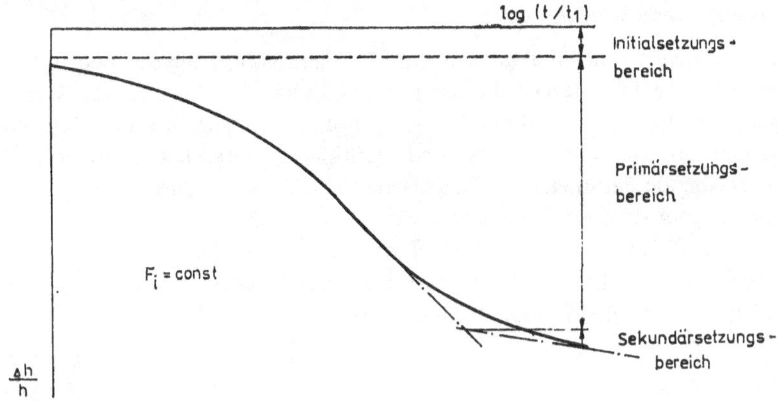


Abb. 2 Zeit-Setzungs-Kurve

Neben einem geringen, sich sofort einstellenden Setzungsbetrag überwiegen
   - die sogenannte Primärsetzung, eine Folge der Umlagerung der totalen Spannungen vom Wasser auf das Korngerüst unter Auspressen des Porenwassers und Volumenminderung und
   - die Sekundärsetzung, vermutlich eine Folge geänderter Teilchenorientierung und begleitet vom Verdrängen des an die Partikel gebundenen Wassers. Sie ist demnach vor allem bei Tonen bedeutsam.
2. Das Stoffgesetz, der Zusammenhang zwischen Spannungen und Deformationen, ist nichtlinear. Das wird aus Abb. 3 ersichtlich, in der die Setzungen jeder Laststufe als Funktion der sie erzeugenden Spannungen aufgetragen sind.

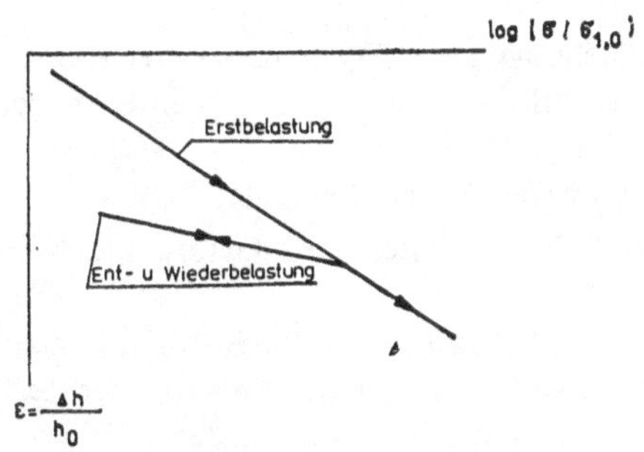


Abb. 3 Druck-Setzungskurve

(Die Darstellung ist idealisiert.) Ergänzend zur obigen Aussage erkennt man,

– daß wiederbelastetes Material stets steifer ist als erstbelastetes,
– daß in Spannungsbereichen oberhalb des bei Erstbelastung erreichten Wertes der Kurvenverlauf durch eine zwischengeschaltete Entlastung nicht beeinflußt wird und
– daß Wiederbelastungs- und Entlastungskurve als näherungsweise parallel verlaufend angesehen werden dürfen.

Verformungsprobleme sind im allgemeinen im Bergbau von geringerer Bedeutung. Die überwiegend gestellte Frage ist die nach der Stabilität der Abbaue, im Braunkohlentagebau also die nach der Stabilität der Einzelböschungen und des Gesamtböschungssystems auf der Gewinnungs- und Verkippungsseite. Die Festigkeit ist damit *der* entscheidende Parameter. Der klassische Versuch ist der *Direktscherversuch* in einem Kasten- oder dem Kreisringschergerät.

Eine Probe wird dabei einer konstanten Normalspannung $\sigma$ unterworfen und – heute überwiegend – unter konstantem Vorschub $v$ in der Probe durch Änderung einer Kraft $H = H(v)$ eine Schubspannung erzeugt (Abb. 4).

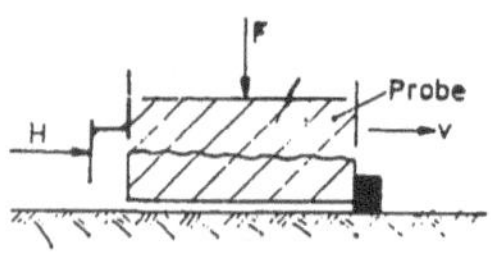


Abb. 4 Kastenscherversuch

Der Versuch läuft in zwei Stadien ab,

– der Konsolidierungsphase unter alleiniger Wirkung der Kraft $F$ und
– der eigentlichen Scherphase mit $F = \text{const}$, aber $H = H(v)$. Dabei ist die Verschiebungsgeschwindigkeit $v$ der Lockergesteinsart anzupassen. Wir können im Direktscherversuch im allgemeinen keine Porenwasserdrücke messen, müssen also auch die Entwicklung von Porenwasserdrücken infolge von Scherbeanspruchungen vermeiden.

Auch hier sollen einige schematische Darstellungen die Eigenschaften der Lockergesteine, vor allem natürlich der Tone, verdeutlichen, die wir zu beachten haben (Abb. 5).

Im Spannungs- und Verschiebungsverlauf werden Unterschiede deutlich:

– Normalkonsolidierte Lockergesteine (NC) zeigen eine klare Deformationsverfestigung
– Überkonsolidierte Lockergesteine weisen nach Erreichen eines Spannungsmaximums $\tau_f$ ein ausgeprägt deformationserweichendes Verhalten auf bis zu einer Restfestigkeit $\tau_R$. Darüber hinaus ist bei ihnen die Dilatanz ausgeprägt, d.h. die Volumenvergrößerung $\Delta V$ unter Scherbeanspruchung.

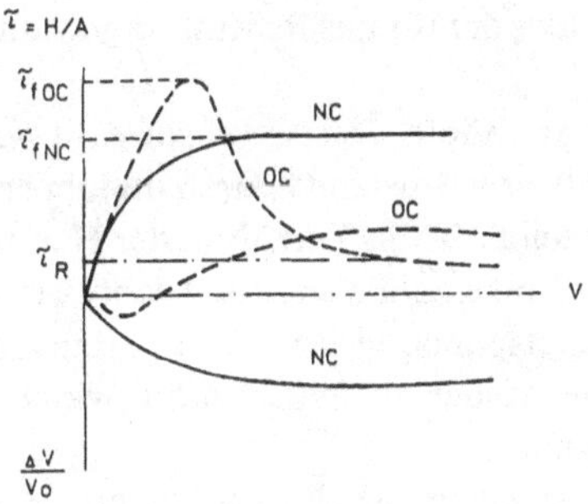


Abb. 5 Spannungs-Verschiebungsverlauf und bezogene Volumendeformation $\Delta V/V_0$ als Funktion der Verschiebung

Als Bruchkriterium benutzen wir das von Mohr-Coulomb, das die Scherfestigkeit $\tau_f$ mit der im Korngerüst übertragenen wirksamen Normalspannung $\sigma'$ in der Form

$$\tau_f = \tau_f(\sigma')$$

verknüpft.

Überwiegend ist ein linearer Zusammenhang

$$\tau_f = c' + \sigma' \tan \varphi'$$

gültig. $c'$, $\varphi'$ sind wirksame Kohäsion, wirksamer Winkel der inneren Reibung.

Auch hier zeigen sich eindeutige Unterschiede im Verhalten des normalkonsolidierten und des überkonsolidierten Lockergesteins (Abb. 6):

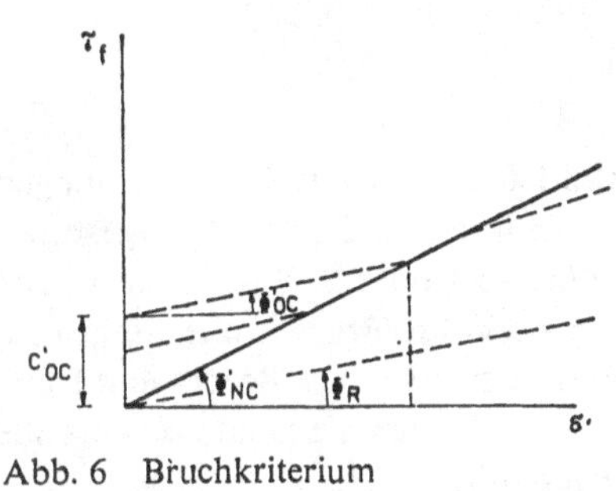


Abb. 6 Bruchkriterium

Setzen wir voraus, daß das Material keine Eigenfestigkeit durch Verkittung in irgendeiner Weise besitzt, so hat

- das normalkonsolidierte Lockergestein keine wirksame Kohäsion ($c_{NC} = 0$),
- das überkonsolidierte Lockergestein einen dem vergleichsweise normalkonsolidierten gegenüber kleineren Reibungswinkel.

Die wirksame Kohäsion ist dann Folge diagenetischer Bindungen und wird durch die Größe der Vorspannung (etwa der Vorbelastung entsprechend) geprägt. Typisch ist weiterhin die geringe, großen Deformationen zuzuordnende Restfestigkeit ($c'_R \approx 0$) [5]. In höheren Spannungsbereichen wird ein Abweichen der realen Bruchbedingungen vom linearen Verlauf deutlich. Das ist ein Fakt, der für uns Bedeutung gewinnt, wenn der Tagebau in größere Teufen vorstößt.

Damit ist die Problematik der Festigkeit nicht erschöpft. Der Weg, auf dem wir zum Bruchkriterium gelangten, hat verschleiert, daß Bruchzustände durch dreidimensionale Spannungszustände erzeugt werden. „Wie beeinflußt das Verhältnis der Hauptspannungen die Bruchbedingung?" ist eine legitime Frage. Üblicherweise beantworten wir sie so, daß wir den Einfluß der mittleren Hauptspannung verneinen. Trotzdem scheint sie nicht endgültig beantwortet und dürfte wieder an Bedeutung gewinnen, wenn bessere experimentelle Methoden zur Verfügung stehen.

Eine weitere Frage ist die nach der Dauerstandfestigkeit. Ist das Lockergestein in der Lage, eine Beanspruchung, die ihr beschränkte Zeit zugemutet wird, auch „unendlich" lange zu tragen? Durchgeführte Versuche weisen hier eindeutig einen Abfall der Festigkeit mit zunehmender Beanspruchungszeit auf (Abb. 7). Das ist eine Erscheinung, die vor allem an feinkörnigen Lockergesteinen zu beobachten ist und den rheologischen Charakter auch der Festigkeit beweist. Die Dauerstandfestigkeit ist bei der Untersuchung von Endböschungen zu beachten.

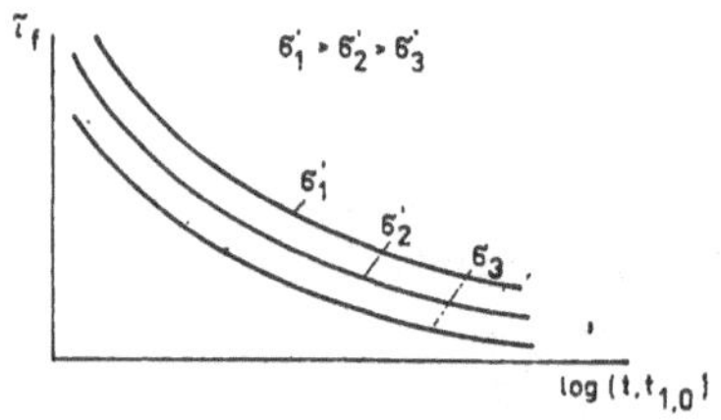


Abb. 7 Dauerstandfestigkeit

Weitere spezifische Festigkeitsdefinitionen resultieren auch aus Rückrechnungen beobachteter Bruchvorgänge, für die sich nachträglich, durch Experimente gestützt, eine bestimmte theoretische Begründung geben läßt. So kam z.B. Skempton [6] zur sogenannten „fully softened strength", die maßgebend für Brucherscheinungen im überkonsolidierten Londonclay ist. Das ist ein Wert, der zwischen Bruch- und Restfestigkeit liegt und zu einem Verschiebungswert gehört, für den die Dilatanz die volle Größe erreicht hat, d.h. die Wasseraufnahme abgeschlossen ist.

Zur Untersuchung der Stoffgleichungen, aber auch der Festigkeit, gewinnen zunehmend Verfahren an Bedeutung, bei denen Lockergesteinsproben steuerbaren, mehrdimensionalen Spannungszuständen unterworfen werden. Nicht allein aus praktischen Gründen besitzen die Direktscherversuche ihnen gegenüber nach wie vor Bedeutung. Es existieren sehr wenige echte *Triaxialgeräte*, etwas mehr Biaxialgeräte, in denen ebene Deformationszustände simuliert werden.

Wenn wir heute von der Triaxialtechnik sprechen, meinen wir fast durchweg den Versuch, bei dem eine zylindrische Probe einem radialsymmetrischen Spannungszustand unterworfen wird (Abb. 8) [7].
Es gilt also die Bedingung $\sigma_2 = \sigma_3$.

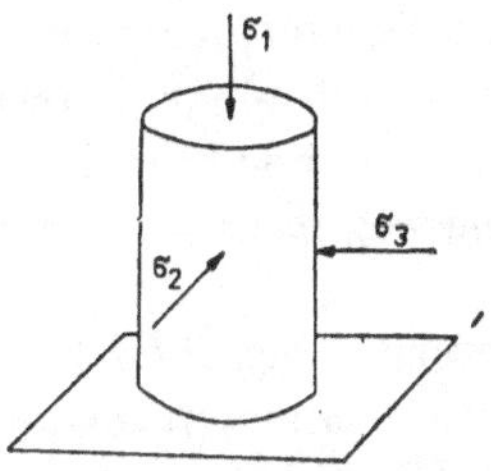


Abb. 8 Triaxialversuch

Auch dieser Versuch kennt

- die Konsolidationsphase $\sigma_1 = \sigma_{1,0}$; $\sigma_2 = \sigma_3 = \sigma_{3,0}$
  und
- die eigentliche Scherphase, die
  - konventionell so gestaltet wird, daß unter Konstanz der Radialspannung $\sigma_3 = \sigma_{3,0} =$ const. die Spannung $\sigma_1$ gesteigert wird (pS-Versuch), in der aber
  - beliebige andere Kombinationen denkbar sind.

Von praktischer Bedeutung sind neben dem passiven Stauchungs-(pS)-Versuch der aS-Versuch, der aD-Versuch und der pD-Versuch. Der Triaxialversuch ist damit weniger eine Form der Werkstoffprüfung als vielmehr ein Modellversuch zur Simulation einer Folge realer Spannungszustände (Abb. 9).

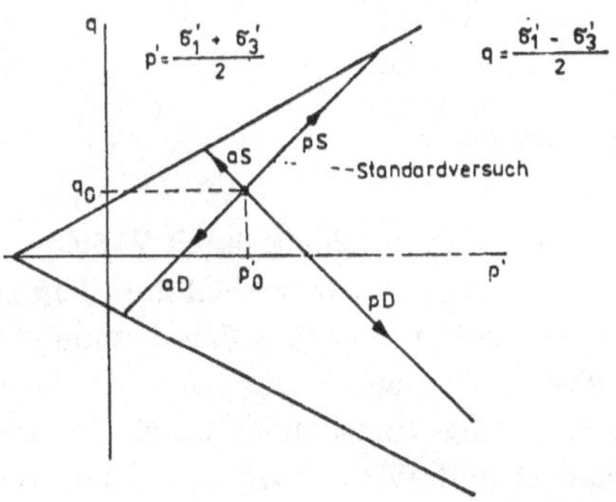


Abb. 9 Spannungswege im Triaxialversuch

Im Triaxialgerät ist es darüber hinaus möglich, die Dränagebedingungen in der Probe zu steuern, d.h. eine Wassergehaltsänderung in der Probe zuzulassen oder auch nicht. Im letzten Falle macht sich die Messung des Porenwasserdruckes notwendig.

Auch das Anlegen von Deformationsbedingungen ist denkbar. Wir simulieren den Sedimentationsvorgang im $K_0$-Versuch, bei dem die Spannungen so geregelt werden, daß Querdehnungen der Probe ausgeschlossen sind. Selbstverständlich lassen sich auch Kriech- oder Relaxationsversuche durchführen. Die letztgenannten Tendenzen haben das bodenmechanische Labor inzwischen wesentlich verändert. Lange Versuchszeiten in selbst einfachen, dränierten pS-Versuchen führten schon bald zu einer automatischen Registrierung der Ergebnisse mit Auswertung im off-line-Betrieb sowie zu Regeleinrichtungen für den $K_0$-Versuch. Wir kommen im Labor ohne Prozeßrechner nicht aus, wenn andere als der konventionelle Spannungsweg realisiert werden sollen.

Gerade in der Stoffgesetzforschung erweist es sich als notwendig, den Einfluß des Spannungsweges zu beachten. In geringerem Maße die Festigkeitsparameter, in ganz erheblichem aber alle die Deformation charakterisierenden Größen sind spannungswegabhängig (Abb. 10) [8]. Erdbebenwirkung auf Erdstaudämme und Gründungen,

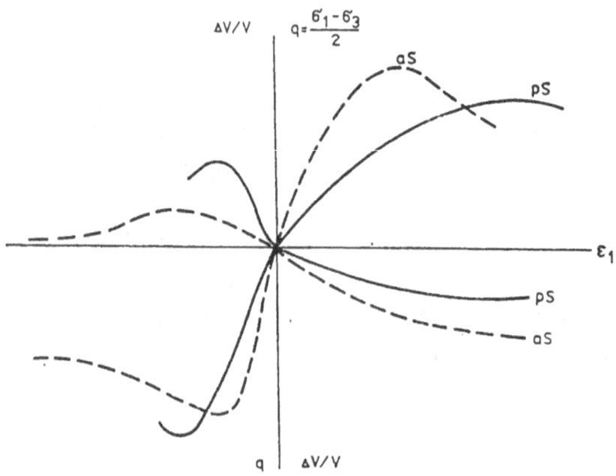


Abb. 10 Abhängigkeit der Deformation vom Spannungsweg

die Errichtung von Off-shore-Bauwerken mit ihrer Beanspruchung durch Wellen und Wind, Maschinengründungen, der Bau von Verkehrswegen, speziell im Bergbau Geräteeinwirkungen auf Kippen haben zur Konstruktion und zum Bau dynamischer Triaxialgeräte veranlaßt. Das Prinzip ist einfach beschrieben: Die statischen Beanspruchungen vertikal und radial werden unabhängig voneinander durch Schwell- oder Wechselspannungen vorgegebener Frequenz und Wellenform überprägt. Was unser in Freiberg entwickeltes Gerät zusätzlich vor allem auszeichnet, sind der große überstreichbare Frequenzbereich, die Möglichkeit, raschen, großen Deformationen zuverlässig nachfahren zu können sowie Lösungen, die eine kontinuierliche Nutzung gestatten (zusätzlicher Konsolidierungsstand). Auf die Bedeutung der dynamischen Triaxialtechnik komme ich noch einmal zurück.

Anliegen dieses Teiles meines Vortrages war es vor allem, deutlich zu machen, daß trotz großer Fortschritte in der Kontinuumsmechanik, trotz großer Möglichkeiten, die uns die Numerik bietet, das komplizierte Stoffverhalten des geologischen Körpers und letztlich auch die Unsicherheiten in ihrem exakten Erfassen noch erhebliche Schwierigkeiten bereiten, zuverlässige, allumfassende Lösungen für konkrete Probleme zu finden.

## 4. Bodenmechanische Modelle

Für alle Probleme, die unterhalb des Bruchbereiches verlaufen, stellt uns die Kontinuumsmechanik die Grundgleichungen zur Verfügung [9].

Der Zustand ist bestimmt durch

- Tensor totaler Spannungen $\sigma_{ij}$*
- Porenwasser*druck* $u$
- Verschiebungen des Korngerüstes $V_i$ und
- Relativverschiebungen des Wassers gegenüber dem Lockergesteinskelett $W_i$ ($\dot{W}_i$ definiert als Geschwindigkeit über die *volle* Querschnittsfläche; reale Geschwindigkeit $\dot{\bar{W}}_i = \dot{W}_i/n$, $n$ – Porosität).

Für kleine Verschiebungen definieren wir den Deformationstensor

$$D_{ij} = \frac{1}{2}(V_{i/j} + V_{j/i}) \tag{1.1}$$

Der Tensor wirksamer Spannungen ist durch

$$\sigma'_{ij} = \sigma_{ij} + \delta_{ij} \cdot u \tag{1.2}$$

definiert.*

Vernachlässigen wir – wie in der Bodenmechanik zulässig – Deformationen des Korngerüstes infolge Porenwasserdruckänderung, so sind Deformationsänderungen $dD_{ij}$ spannungsbedingt ($dD^{\sigma}_{ij}$) oder durch Temperaturänderungen, Kriechen und andere Effekte ($dD^{\circ}_{ij}$) erklärbar:

$$dD_{ij} = dD^{\sigma}_{ij} + dD^{\circ}_{ij}.$$

Entscheidend ist nun das *Stoffgesetz*.

$$d\sigma'_{ij} = E_{ijkl}\, dD^{\sigma}_{kl} \tag{1.3}$$

Der Stofftensor $E_{ijkl}$ hängt von $\sigma_{ij}$, $D_{ij}$ ab. Er kann durch Anisotropie geprägt sein. Elasto-plastische Ansätze sind denkbar.

*Die Gleichgewichtsbedingung* hat die übliche Form. Sie enthält die Divergenz des Spannungstensors, Massen- und Beschleunigungskräfte

$$\sigma_{ij/j} + \varrho \cdot g_i = \varrho \ddot{V}_i + \varrho_W \cdot \ddot{W}_i \tag{1.4}$$

($\varrho$ – Gesamtdichte; $\varrho_W$ – Dichte des Wassers, $g_i$ – Vektor der Erdbeschleunigung).

Weiter gilt das *Gesetz von Darcy* mit dem Durchlässigkeitstensor $k_{ij}$, im allgemeinen Fall unter Beachtung von Trägheitskräften

$$\dot{W}_i = k_{ij}\left[(\varrho_W g_j - u_{/j}) + \varrho_W\left(\ddot{V}_j + \frac{1}{2}\ddot{W}_j\right)\right] \tag{1.5}$$

---

* in den folgenden Gleichungen werden die in der Kontinuumsmechanik üblichen Vorzeichenregeln (Zug positiv, Dehnung positiv) benutzt.

Wir sind gewohnt, die Beschleunigungsglieder zu vernachlässigen und setzen im allgemeinen noch

$$k_{ik} = k\,\delta_{ik}\,.$$

Die Massenbilanz verlangt unter den in der Bodenmechanik zulässigen Vernachlässigungen für die Deformation der Einzelpartikel

$$\dot{W}_{i/i} + \dot{D}_{ii} + \frac{n}{K_W}\dot{u} = 0 \tag{1.6}$$

($K_W$ — Volumenkompressibilitätsmodul des Wassers).

Häufig darf man davon ausgehen, daß $\ddot{W}_i/\ddot{V}_i \to 0$ ist. Dann läßt sich die Verschiebung des Wassers $W_i$ eliminieren und man erhält die geläufigere Form der Grundgleichungen

$$D_{ij} = \frac{1}{2}(V_{i/j} + V_{j/i}) \tag{2.1}$$

$$\sigma_{ij} = \sigma'_{ij} - u\,\delta_{ij} \tag{2.2}$$

$$d\sigma'_{ij} = E_{ijkl}\,(dD_{kl} - dD^{\circ}_{kl}) \tag{2.3}$$

$$\sigma_{ij/j} + \varrho g_i = \varrho \ddot{V}_i \tag{2.4}$$

$$(k_{ij} \cdot u_{/j})_{/i} - \dot{D}_{ii} - (k_{ij} \cdot \varrho_w \cdot \varrho_j)^{\dot{}}_{/i} = -(k_{ij} \cdot \varrho_w \cdot \ddot{V}_j)_{/i} + \frac{n}{k_w} \cdot \dot{u} \tag{2.5}$$

Bedeutsam ist für uns die *Konsolidationstheorie*, bei der wir alle Beschleunigungskräfte vernachlässigen können, d.h. $\ddot{W}_i = 0$ und $\ddot{V}_i = 0$. Es bereitet keine Schwierigkeiten, den erforderlichen Gleichungssatz aus (2) herzuleiten.

Aufgrund unserer Beschäftigung mit der Problematik des Setzungsfließens haben die Grundgleichungen in der für *undränierte Bedingungen* geltenden Form für uns besondere Bedeutung gewonnen. Es ist die Durchlässigkeit $k_{ij}$ als sehr klein vorauszusetzen (oder man geht davon aus, daß $W_i$, $\dot{W}_i$, $\ddot{W}_i$ keine maßgebenden Werte erreichen).

Aus (2) wird dann:

$$\begin{aligned} \sigma_{ij} &= \sigma'_{ij} - u\,\delta_{ij} \\ \dot{D}_{ij} &= \frac{1}{2}(V_{i/j} + V_{j/i}) \\ d\sigma'_{ij} &= E_{ijkl}\,(dD_{kl} - dD^{\sigma}_{kl}) \\ \sigma_{ij/j} + \varrho g_i &= \varrho \ddot{V}_i \\ \dot{u} &= -\frac{K_W}{n} \cdot \dot{D}_{ij} \end{aligned} \tag{3}$$

Einen weiteren interessanten Fall stellen die Grundgleichungen für *dränierte Bedingungen* dar.

Die Forderungen würden lauten

$$\dot{W}_i = \dot{V}_i = \ddot{W}_i = \ddot{V}_i = 0;$$

Damit wird aus (2.5)

$$(k_k\, u_{/k})_{li} - \varrho_w(k_{ik}\, \varrho_k)_{/i} = 0 \tag{4.1}$$

Daraus kann der Druck $u$ berechnet werden. Die restlichen Gleichungen lauten

$$d\sigma'_{ij} = E_{ijkl}\,(dD_{kl} - D^{\circ}_{kl}) \tag{4.2}$$

$$\sigma_{ij/j} - u_{/k} + \varrho g_i = 0 \tag{4.3}$$

$$D_{ij} = \frac{1}{2}(V_{i/j} + V_{j/k}) \tag{4.4}$$

Das Problem des Bodenmechanikers bleibt nun das *Stoffgesetz.*

Folgende Bedingungen sollten erfüllt werden:

1. Die Volumensteifigkeit wird mit abnehmender Porenzahl größer.
2. Die Schersteifigkeit nimmt mit abnehmender Porenzahl zu, aber vermindert sich erheblich mit wachsender Verzerrung.
3. Ein Bruchkriterium etwa vom Mohr-Coulombschen Typ muß erfüllt werden (Tangentenmodul muß gegen Null gehen, wenn Fließen eintritt).
4. Für Entlastungen nimmt die Steifigkeit plötzlich zu.
5. Überkonsolidierte Tone zeigen plötzliche Steifigkeitsabnahme beim Überschreiten der Vorspannung.
6. Steife Tone, dichte Sande zeigen Dilatanz; weiche Tone, lockere Sande sind negativ dilatant.

Mit Hilfe *veränderlicher elastischer Moduli* ist es möglich, die ersten drei, mit Einschränkungen auch die vierte, schwerlich hingegen die beiden letzten Bedingungen zu erfüllen. Auf Basis der Elastizitätstheorie sind eine Reihe von Modellen entwickelt worden, die überwiegend den differentiellen Charakter tragen, den unsere Grundgleichungen verlangen; aber auch ein hyperbolisches Modell (Duncan/Chang) ist bekannt [10]. Die Tendenz geht allerdings zur Verwendung *elasto-plastischer Stoffgesetze.* Das elastische Modell berechnet inkrementelle Deformationen gemäß den inkrementellen Spannungen. Im elastoplastischen Modell sind es die gesamten akkumulierten Spannungen, die die Deformationsart steuern. Sowohl Messungen als auch Überlegungen geben dem elasto-plastischen Modell den Vorzug. Fließregel und Fließfunktion sind jetzt Teile des Stoffgesetzes [11].

Als *Fließfunktion* wird das Mohr-Coulombsche Gesetz bevorzugt, aber auch Fließgesetzt von Tresca, Mises, Drucker und Prager kommen zur Anwendung. Nichtassoziierte *Fließregeln* müssen benutzt werden, wenn Dilatanz erfaßt werden soll.

Die letztlich überwiegend zur Lösung von Randwertaufgaben herangezogene FE-Methode gibt dem Geotechniker eine Reihe von Möglichkeiten in die Hand, spezifische Besonderheiten, nämlich

- Erfassen bekannter Porenwasserdruckfelder,
- beliebige Belastung,

- beliebige Geometrie,
- Anfangsspannungsfelder (Eigengewichtsspannungen)
- Aushub in mehreren Phasen,
- Auffüllung (Aufbau einer Halde)

zu beachten. Wir erhalten im Ergebnis Verschiebungs- und Spannungszustände [12].

Die Frage nach dem Abstand des „Gebrauchslastenzustandes" vom Grenzzustand, dem Bruchzustand, wird durch solche Verfahren unzureichend beantwortet. Das ist aber die Hauptfrage, die zumindest im Tagebau gestellt werden muß. Nach wie vor benutzen wir, um eine Antwort darauf zu geben, Starrkörpermodelle (Abb. 11). Die Zeit ist nicht vorauszusehen, zu der sich daran wesentliches ändert. Die eingeführten Scherfugen werden überlegungsmäßig, vor allem aber durch Beobachtung festgelegt. Ihre endgültige Fixierung nutzt Grenzwertsätze der Plastomechanik in idealisierter Form.

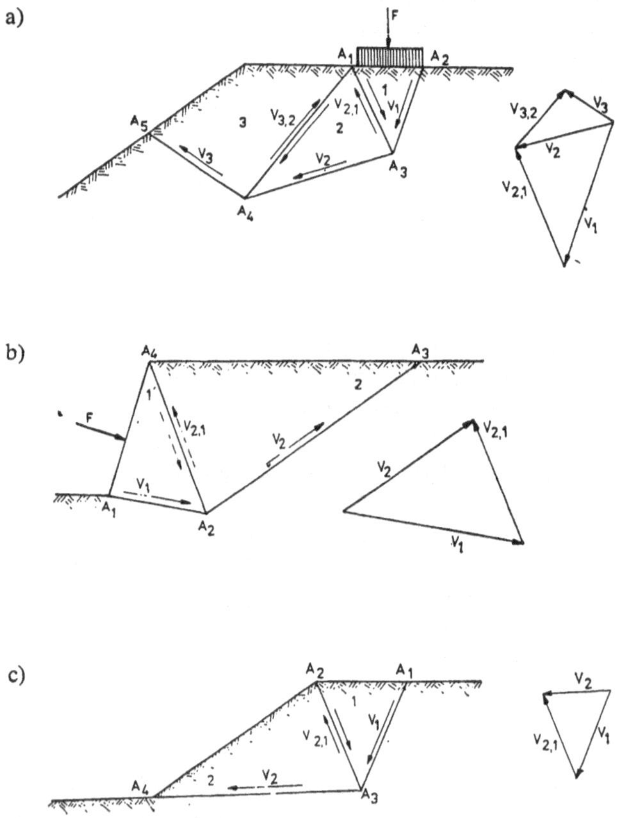


Abb. 11 Starrkörpermechanismen
a) Grundbruchproblem
b) Erdwiderstandsproblem
c) Böschungsproblem

Unter der Voraussetzung, daß alle äußeren Kräfte (Lasten, Eigengewicht, Strömungskräfte) bekannt sind, lassen sich aus den Gleichgewichtsbedingungen für die Teilkörper die unbekannten Kräfte in den Scherfugen berechnen. Der Hodographenplan vermittelt die Relation der Verschiebungen.

Damit gelingt es,

- die Arbeit $A$ der äußeren Kräfte und
- die in den Scherfugen dissipierte Kraft $D$

zu berechnen. Im Grenzzustand wäre $A = D$ zu erwarten. Der Abstand des Gebrauchszustandes vom Grenzzustand ist also durch den Sicherheitsfaktor

$$S = D/A$$

beschrieben. Die maßgebende Bruchfigur ist die, für die die Sicherheit ein Minimum wird. Sie ist also aus der Bedingung ($A_k = A_k(X_1, X_2)$)

$$\frac{I}{I x_i^k} S(A_1, A_2, \ldots A_n) = 0 \qquad (i = 1, 2; \qquad k = 1, 2 \ldots n)$$

zu berechnen. Systematisches Probieren — mit Rechner leicht möglich — oder auch die Gradientenmethode führen zum Ziel. Probleme bestehen

- in der zutreffenden Wahl des Versagensmechanismus
- im richtigen Ansatz äußerer Kräfte und
- in der Wahl der *repräsentativen* Festigkeitsparameter.

Nicht nur von theoretischem Interesse ist daneben die Problematik des Sicherheitsbegriffes überhaupt. Die Sicherheit ist eine determinierte Größe; fast alle Eingangsparameter sind stochastischer Natur. In absehbarer Zeit muß sich ein Verfahren auf *probabilistischer Basis* durchsetzen. Es bleibt die Frage offen, mit welcher Konsequenz das geschehen wird [13].

Besteht über die Kinematik des Vorganges nicht so viel Klarheit, daß eine analytische Behandlung möglich wird, muß ein *Modellversuch* durchgeführt werden. Seine Ergebnisse sind die Basis neuer Theorien. In der Modelltechnik hat sich in den letzten Jahren mit Nutzung großer Zentrifugen (mehrere Meter im Durchmesser) ein erheblicher Wandel vollzogen. Dadurch ist die Erfüllung der Modellgesetze möglich geworden.

Vielfach fühlen wir uns aber auch zum Versuch in situ veranläßt, wenn das Wissen über die notwendigen Eingangsgrößen gleich welcher Art nicht ausreicht. Wir sprechen dann von der Beobachtungsmethode [3]:

- Auf der Basis plausibler Annahmen (Ausgangsmodell) werden Vorberechnungen durchgeführt und Beobachtungsverfahren festgelegt.
- Die Beobachtung ist in situ vorzubereiten.
- Durch gezielte technische Eingriffe werden Bewegungen ausgelöst, die nach meßtechnischer Verfolgung Schlußfolgerungen zulassen und damit helfen, Kenntnislücken zu schließen.
- Das Ausgangsmodell wird danach korrigiert.

## 5. Bodenmechanische Probleme im Bergbau

Aus dem Spektrum der Spezifika des Tagebaues seien nur zwei herausgegriffen.

### *5.1. Verflüssigungsvorgänge*

An Kippen, Dämmen und Halden, die vorwiegend aus Sanden aufgebaut und nahezu oder vollständig wassergesättigt sind, traten eine Reihe folgenschwerer Rutschungen auf, für die

- plötzliches Eintreten,
- rascher Ablauf,
- retrogressives Fortschreiten,
- großes Ausmaß,
- flaches Ablagern der Rutschmassen und Wasseraustritte aus Strudellöchern

typisch sind.

Solche Rutschungen werden als Setzungsfließen bezeichnet. Die drei wesentlichen Voraussetzungen, nämlich Sand, lockere Lagerung und Wasser waren schon länger bekannt, der tatsächliche Rutschungsmechanismus bei uns bislang unklar. Der rasche Ablauf deutet auf einen Vorgang unter undränierten Bedingungen hin. Wir haben daher undränierte Triaxialversuche an Sanden verschiedener Lagerungsdichte durchgeführt – ähnlich wie das mit weniger Systematik schon einmal in den USA (De Castro [14]) und Norwegen (Bjerrum [15]) begonnen wurde (Abb. 12). Aufgrund der Tendenz des Sandes zur Verdichtung kommt es zur Porenwasserdruckentwicklung, bei besonders lockerer Lagerung bis zur Größe des Seitendruckes $\sigma_3$; bei weniger locker gelagerten Proben fällt der Porenwasserdruck (PWD) wieder ab. Die Festigkeit nimmt bei extrem lockerer Lagerung nach Erreichen eines Maximums fast bis auf Null ab. Bei dichter gelagerten Proben ist der Festigkeitsabfall bedeutend weniger ausgeprägt bzw. tritt überhaupt nicht ein.

Beachtet man das Verhältnis $q/p' = \sin \Phi'$, so stellt man ein stetiges Anwachsen fest; die Reibung zwischen den Körnern nimmt zu, aber das Versagen der Probe tritt bereits

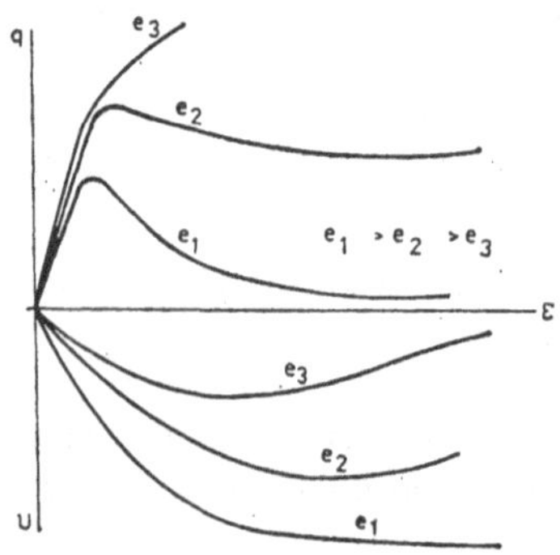


Abb. 12 Undränierte Versuche an Sanden unterschiedlicher Porenzahl e

ein ($\Phi = \Phi'_K$), ehe der volle Wert der Reibungsfestigkeit erreicht ist (Abb. 13). Die Ursache dafür liegt im Porenwasserdruckanstieg. Die Verflüssigung ist also die Folge eines *Anstiegs des Porenwasserdruckes* unter Scherdeformationen und undränierten Bedingungen, wobei das *Festigkeitsmaximum* bereits bei einem Reibungswinkel erreicht wird, der unter dem für dieses Material unter dränierten Bedingungen feststellbaren Grenzwert liegt. Weitere Deformationen sind mit einem erheblichen Festigkeitsabfall verbunden. Unter günstigeren Bedingungen kann das Material seine Festig-

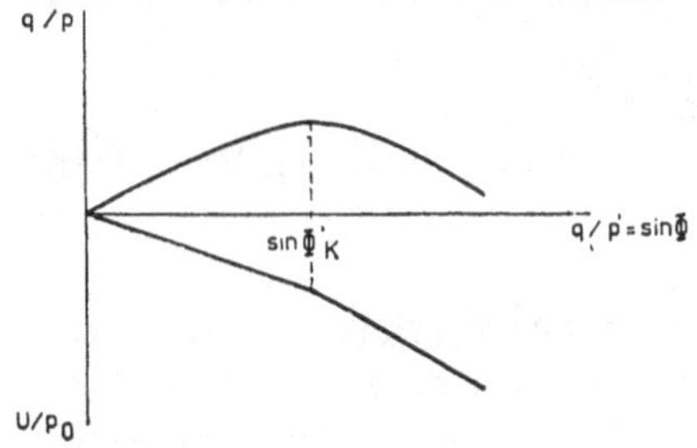


Abb. 13 Festigkeit und PWD in Abhängigkeit vom Reibungswinkel

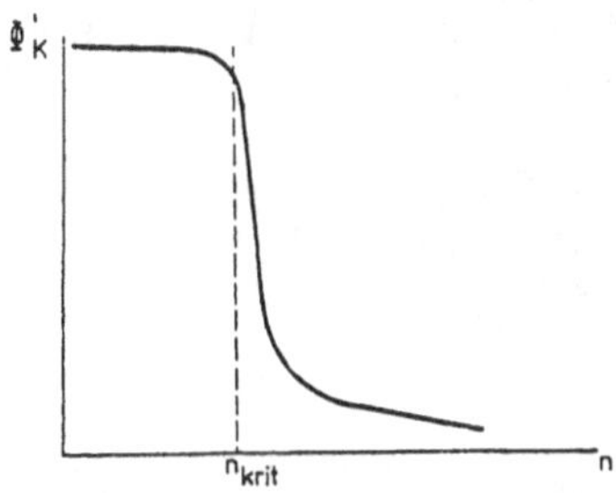


Abb. 14 Abhängigkeit des Reibungswinkels im Bruchzustand von der Porosität

keit nach begrenzter Deformation zurückgewinnen. Die Abbildung 14 zeigt die Abhängigkeit des Reibungswinkels im Bruchzustand von der Porosität und die Lage einer kritischen Porosität $n_{krit}$. Die Kenntnis dieses Reibungswinkels und die Größe des im Bruchzustand wirkenden Porenwasserdruckes ist Voraussetzung auch für eine quantitative Abschätzung der Stabilität im Bereich einer Böschung. Von Interesse waren noch Untersuchungen an Proben, die anisotrop konsolidiert wurden. Beim Überschreiten eines kritischen Hauptspannungsverhältnisses (Funktion der Porenzahl bzw. der Porosität) war überhaupt kein Festigkeitsgewinn mehr feststellbar (Abb. 15 [16]). Sättigt sich also eine Böschung auf, deren Spannungszustand im Mittel oberhalb des kritischen Hauptspannungsverhältnisses liegt, genügt das geringste Initial, eine Verflüssigung auszulösen. Notwendig aber ist ein Initial:

- eine plötzliche Belastung,

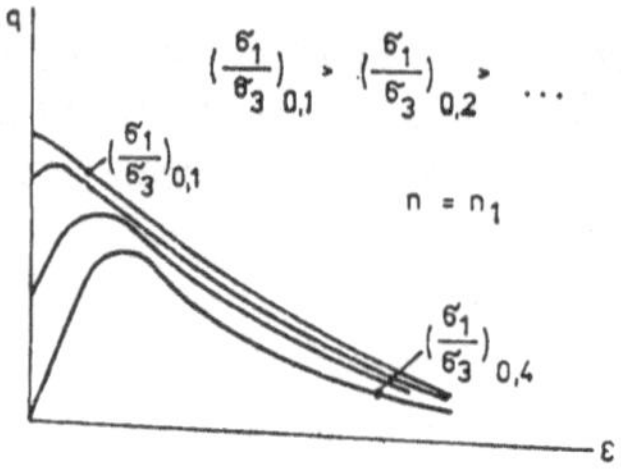


Abb. 15 Spannungs-Deformations-Verlauf in Abhängigkeit vom Konsolidierungsverhältnis

- ein Böschungsbruch aus anderen Gründen oder
- ortsabhängige Sackungserscheinungen als Folge des ungleichmäßigen Aufbaues der Kippe, letztlich
- dynamische Anregungen.

Verflüssigungsuntersuchungen unter dynamischer Anregung [9; S. 313 H] existieren weit mehr. Sie sind vor allem in den USA und Japan aufgrund der Gefahr einer Verflüssigung als Folge von Erdbeben notwendig. Wir wissen aus Untersuchungen anderer, daß eine Sandprobe unter Wechsellast sich zunehmend kontraktant verhält (Abb. 16). Dieser Effekt ist auch bei niedrigen Porenzahlen erreichbar. Damit verbunden ist im undränierten Versuch praktisch ein „Aufpumpen" des PWD (Abb. 17). Die bisher bekannten Versuche wurden vor allem mit den „erdbebengemäßen" geringen Frequenzen durchgeführt. Der Bau eines dynamischen Triaxialgerätes in Freiberg bietet die Basis für weitergehende Forschungen.

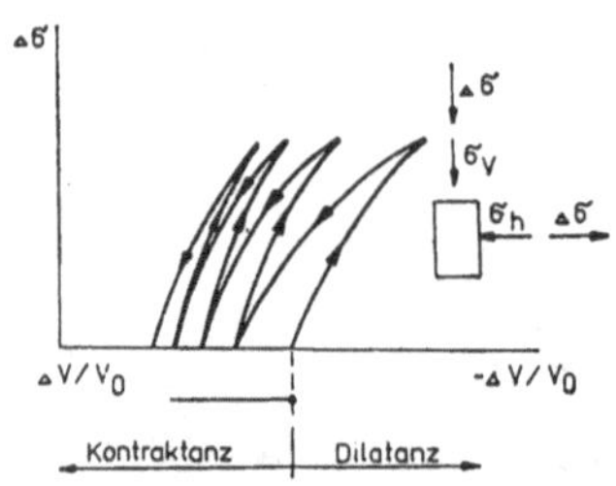


Abb. 16 Volumenänderung unter zyklischer Belastung

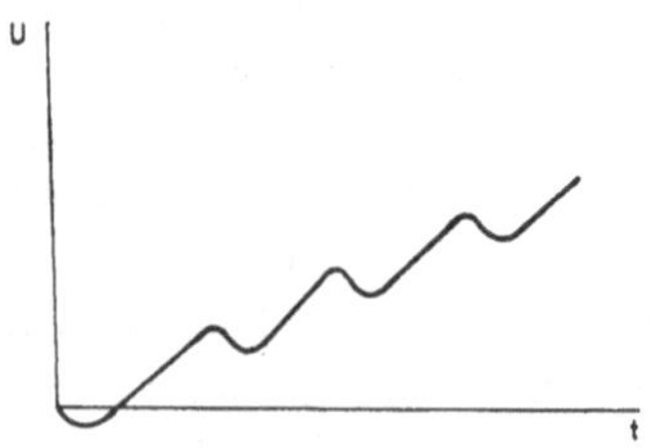


Abb. 17 PWD-Entwicklung unter zyklischer Belastung

## 5.2. *Geotechnische Situation im Tagebau Berzdorf*

### 5.2.1. Allgemeines geologisch-hydrologisches Modell

Das Braunkohlenfeld Berzdorf stellt eine ausgeprägte Beckenlagerstätte dar. Im praetertiären Liegenden stehen Verwitterungstone granodioritischen und basaltischen Ursprungs an. Diese teilweise hochplastischen Tone weisen Mächtigkeiten bis über 100 m auf. Das Material wurde stellenweise ausgewaschen, kann dann wasserführend sein und den sogenannten Grundwasserleiter 3 (GWL 3) bilden.

Das überlagernde Tertiär wird im Liegenden von einem geringmächtigen, harnischführenden Braunkohlenton gebildet. Das eigentliche Flöz, unterschieden werden 13, teilweise ineinander übergehende Flözbänke, weist im Mittel Mächtigkeiten von etwa 60 m auf. Den Hangendabschluß bilden wiederum geringmächtige Braunkohlentone. Innerhalb des Flözkomplexes eingelagerte sandig-kiesige Schichten werden als GWL 2 zusammengefaßt. Sie sind vor allem im östlichen Teil der Lagerstätte ausgebildet.

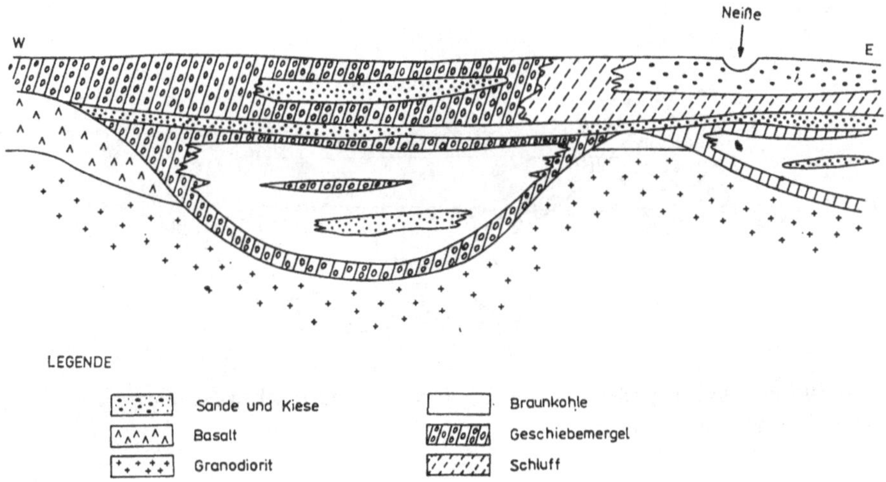


Abb. 18 Schematisches Profil durch das Berzdorfer Becken (vereinfacht)

Das Quartär setzt sich im wesentlichen aus Kiesen, Sanden und Geschiebemergeln größerer Mächtigkeiten zusammen. Der quartäre Schichtenkomplex bildet den GWL 1. Quartär und teilweise Tertiär unterlagen einer starken glazigenen Beanspruchung, die zum Aufschieben von großen, zumeist NE-SW streichenden Falten führte. Die Flankenbereiche weisen z.T. beträchtliche Einfallensbeträge auf (Abb. 18).

5.2.2. Bodenmechanisches Modell für den Bereich der Kopfböschungen vor Rutschung „P“

Das Ziel der Gewinnungsarbeiten im Bereich der Kopfböschung des Tagebaues Berzdorf bestand im Ausschneiden des granodioritischen und basaltischen Verwitterungstones am nordwestlichen Beckenrand, d.h. des Ausstreichens der Lagerstätte. Diesem Ton wurden Festigkeitswerte von $\Phi' = 30°$ und $c' = 10$ kPa zugeordnet. Er galt bei Einhaltung vorgegebener Böschungswinkel als standfest. Das Ziel der vorlaufenden Erkundung wurde daher im sicheren Erreichen dieses Zersatzmaterials gesehen. Geologisch wird dieses Material vom Tertiär überlagert. In den Horizonten der Abraumschnitte des Kopfböschungssystems verbleiben teilweise auch Reste quartären Materials auf dem Grundgebirgsmaterial, das – bedingt durch die Beckenstruktur der Lagerstätte – bis nahe an die Rasensohle heranreicht. Es fällt zum offenen Tagebau mit Beträgen von durchschnittlich 10°–15°, örtlich bis über 20° ein.

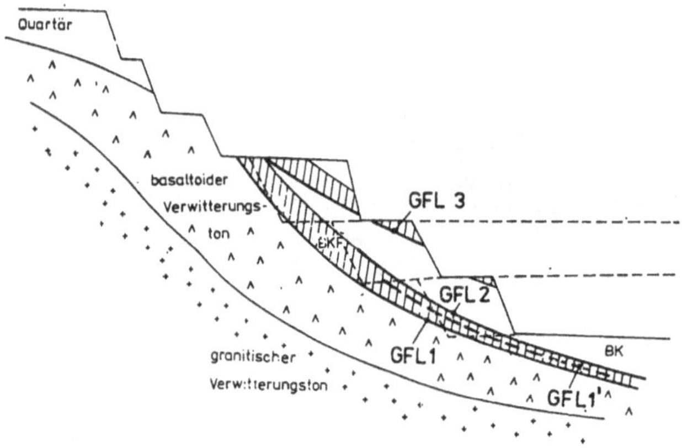


Abb. 19 Berechnungsmodell des Kopfböschungssystems Tagebau Berzdorf vor der Rutschung „P“

Grundlage für die Dimensionierung des Kopfböschungssystems im Tagebau Berzdorf bildeten danach folgende Gleitflächenlagen (Abb. 19):

- Grenzfläche zwischen basaltischem bzw. granitischem Verwitterungston und Braunkohlenton (GLF 1)
- Harnischflächen im liegenden BKT (GLF 1′)
- Liegendes des Kohleflözes (GLF 2)
- Hangendes des Kohleflözes bzw. Liegendes des hangenden BKT (GLF 3)

Weitere schwache Schichtenkomplexe, z.B. des Quartärs, spielen für die Standsicherheit des Gesamtsystems keine Rolle. Sie wurden größtenteils abgebaggert bzw. sind nur für Einzel- oder Teilböschungssysteme von Bedeutung.

Als ungünstige Festigkeitswerte wurden solche von $\Phi'_G = 8°$ und $c_g = 5$ kPa im liegenden Braunkohlenton für eventuelle Harnische angesetzt. Allgemein zählt das gesamte Gebiet als entwässert. Aus dem Tagebauvorfeld erfolgt aufgrund der geologischen Bedingungen kein Grundwasserzustrom,

### 5.2.3. Modellvorstellungen nach Auswertung der Rutschung „P"

Mit dem Erkennen der Rutschung wurden im Kopfböschungsbereich des Nordfeldes in größerem Umfange Nacherkundungen durchgeführt:

- Abteufen von Bohrungen in unmittelbarer Nähe des Rutschungsgebietes bis in größere Teufe mit teilweisem Ausbau der Bohrungen als Grundwasserbeobachtungsstelle (Pegel) und mit Einbau von Inklinometern. Die Bohrungen wurden geophysikalisch vermessen.
- Vermessung des gesamten Gebietes einschließlich des angrenzenden Raumes unter Nutzung oberflächengeophysikalischer Methoden (Erdmagnetik, Widerstandsmessungen, Refraktionsseismik)
- Hydrogeologische Untersuchungen an austretenden Wässern im Bereich der Rutschung; Durchführung von Pumpversuchen.

Darüber hinaus wurden und werden umfangreiche Beobachtungen markscheiderischer und geotechnischer Art an der Rutschung vorgenommen. Ausgehend von der Beobachtung des Rutschungsverlaufs und den durch o.g. Maßnahmen gewonnenen Ergebnissen wurde ein neues Berechnungsmodell entwickelt. Dieses Modell wird durch permanente Überprüfung der bodenmechanischen Prämissen anhand des tatsächlichen Rutschungsablaufes ständig aktualisiert. Im Vergleich zum ursprünglichen Modell sind folgende entscheidende Veränderungen zu beachten:

a) Die geologischen Vorstellungen zur prätertiären Schichtenfolge mußten revidiert werden (Abb. 20).
Über dem unverwitterten Granodiorit stehen mächtige granodioritische Verwitterungstone an. Sie stellen autochthone Ablagerungen dar. Dieses Lockergestein wird von Verwitterungsschutt basaltischen und granodioritischen Ursprungs überlagert. Dieser Schutt wurde vom Beckenrand in das Sedimentationsbecken hineintransportiert, ist also als umgelagertes Material zu betrachten. Er erreicht Mächtigkeiten bis 100 m. Seine Entstehung verdankt er einer Reihe von tektonischen Vorgängen in den liegenden Gesteinskomplexen, denn das ganze Gebiet befand sich im Kreuzungsbereich tektonischer Störungen. Es kann als ein Mosaik von Bruchschollen mit teilweisen Sprunghöhen bis etwa 60 m betrachtet werden. Die entstandenen Absenkungszonen wurden mit basaltischem und granodioritischem

Verwitterungsschutt der umliegenden Hochlagen aufgefüllt. Es gibt eine Reihe von Hinweisen, daß auch der Schuttfächer von einer größeren Anzahl fossiler Gleitflächen durchzogen ist.

b) Als Hauptgleitfläche kann nicht mehr die Tertiärbasis, d.h. die Grenzfläche zwischen liegendem Braunkohlenton und Prätertiär angesehen werden. Die Hauptgleitfläche wird durch das Liegende des oben beschriebenen Schuttfächers gebildet. Weitere mögliche Gleitflächen liegen innerhalb der Schuttfächermaterialien und sind fossilen Ursprungs. Je nach Aufschließungsgrad und spezifischen geologischen Bedingungen werden teilweise fossile Gleitflächen oder nur die Hauptgleitfläche mobilisiert. Mit fortschreitenden Verschiebungsbeträgen wird zunehmend die Hauptgleitfläche wirksam. Die tiefe Lage der Hauptgleitfläche wird durch Aufpressungsbeträge (bis etwa 60 m) am Fuße des Böschungssystems dokumentiert.

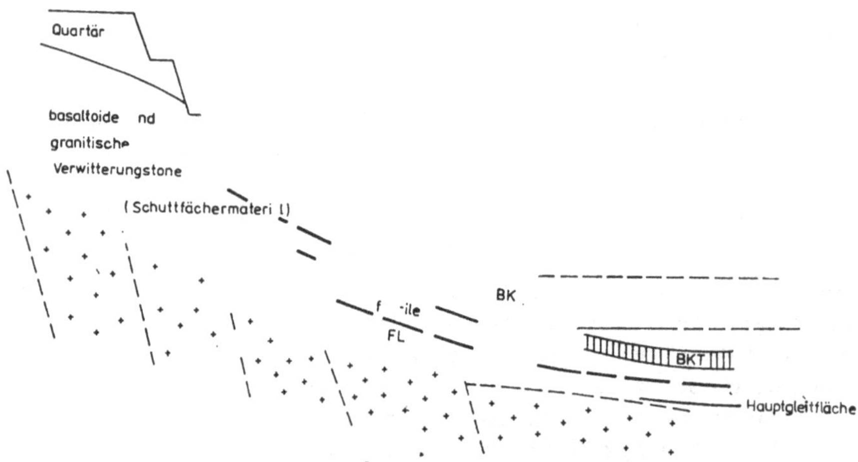


Abb. 20 Berechnungsmodell des Kopfböschungssystems Tagebau Berzdorf nach der Rutschung „P“

c) Die früher angenommene Festigkeit des Verwitterungstones von $\Phi' = 30°$ und $c' = 10$ kPa wurde durch Rückrechnungen und Laborversuche nicht bestätigt. Für basaltoides Schuttfächermaterial wurden Festigkeitswerte von $\Phi' = 5°$ und $c'_g = 5{,}0$ kPa laborativ ermittelt. Bei längeren Verschiebungswegen kommt es zu einer Mylonitisierung des Materials in der Gleitfläche und zu einem weiteren Abnehmen des Winkels der inneren Reibung. Das konnte ebenfalls anhand von Laborversuchen nachgewiesen werden. Diese äußerst geringen Festigkeitswerte in Verbindung mit den tiefliegenden Gleitflächen gestatten eine Erklärung der vorhandenen Rutschungsgeometrie und -dynamik.

## 6. Ausblick

Es seien hier noch einige Aufgaben genannt, die künftig noch intensiver zu bearbeiten sind:

- die phänomenologische Stofforschung als Basis weiterer numerischer Aussageverfahren in Verbindung mit der Informatik,
- ein tieferes Eindringen in die Struktur der Lockergesteine mit Verfahren der Geochemie, Mineralogie als Basis eines Erklärens phänomenologischer Erscheinungen,
- Lockergesteinseigenschaften unter höheren Spannungen in Hinblick auf Tieftagebaue,
- die Überarbeitung unseres Sicherheitskonzepts auf stochastischer Basis,
- das Erforschen bestimmter Mechanismen, z.B. auch des Setzungsfließens, in situ und
- eine Reihe sehr praktischer Probleme wie
  - Laborautomatisierung,
  - Algorithmierung der bodenmechanischen Arbeit im umfassenderen Maße im Sinne einer CAD-Modellierung und schließlich
  - die Stabilisierung setzungsfließgefährdeter Bereiche.

## Literatur


[1] Skempton, A. W.: A history of soil properties 1717–1927. Proceedings of the 11. Intern. Conference on Soil Mechanics and Foundation Engineering. Golden Jubilee Volume (1985) S. 95ff.

[2] Matschak, H.; Förster, W.; Wächtler, E.: Franz Kögler als Gründer des 1. Erdlabors an der Bergakademie Freiberg ... FFH, A 617, 1979, S. 11ff.

[3] Jolas, P.: Zur Anwendung der Observationsmethode ... Dissertation B, Freiberg 1985, S. 12ff.

[4] Förster, W.: Mechanische Eigenschaften der Lockergesteine. Lehrbriefe für das Hochschulfernstudium 1–4, 1982.

[5] Molek, H.; Reuter, F.; Fischer, P.; Förster, W.: Untersuchungen zur Harnischbildung in überkonsolidierten Horizonten des Braunkohlengebirges. FFH, A 617, 1979, S. 133ff.

[6] Skempton, A. W.: Slope Stability of Cottings in Brown London Clay. Proceedings of the 9. Intern. Conference on Soil Mechanics and Foundation Engineering, S. 261ff.

[7] Bishop, A. W.; Henkel, D. J.: The measurement of soil properties in the triacial test. Arnold 2nd., Ed. 1962.

[8] Lambe, T. W.: The Stress Path Method. Journal Soil Mechanics and Foundation Division. ASCE (93) SM6, Proc. Paper 5613, S. 309–331.

[9] Zienkiewicz, O. C.; Bettess, P.: Soils and other Saturated Media under Transient Dynamic Conditions, General Formulation and the Validity of Varions Simplifying Assumptions. Soil Mechanics – in Transient and Cyclic Loads, John Wisley and Sons Ltd, 1982.

[10] DUNCAN, J. M.; CHANG, C. Y.: Non linear analyse of stress and strain in soils. Proc. Am. Soc. Civ. Engrs. 96, NO SMS 1629–1653.

[11] PHILLIPS, A.: The Foundations of Plasticity. in Theory of Plasticity von Ch. Massonnet, University of Liege (Belgien), 1979.

[12] NAYLOR, D. J.; PANDE, G. N.: Finite Elements in Geotechnical Engineering, Pineridge Press, Swansea, U. K. 1981.

[13] HAGEN, C.: Beitrag zum Aufbau einer probalistischen Sicherheitskonzeption für die Dimensionierung von Böschungen im Lockergestein. Dissertation A, Freiberg, 1983.

[14] CASTRO, G.: Liquefaction and cyclic mobility of saturated sands. Journal of the Geotechnical Engineering Division, ASCE, June 1975.

[15] BJERRUM, L.; KUMMENEJE, O.: The shear strength of a fine sand. Proceeding 5. Intern. Conference Soil Mechanics, Rotterdam 3, 125–130 (1948).

[16] Dierichs, D.: Das Verhalten locker gelagerter wassergesättigter Sande bei Aufbringen statischer Belastungen unter undränierten Bedingungen. Dissertation, Bergakademie Freiberg, 1985.

ISBN 3-05-500 214-8
ISSN 0138-3965

FSC
www.fsc.org
MIX
Papier | Fördert gute Waldnutzung
FSC® C083411

Zeitfracht Medien GmbH
Ferdinand-Jühlke-Straße 7
99095 Erfurt, Deutschland
produktsicherheit@kolibri360.de